奇趣真相：自然科学大图鉴

[英]简·沃克◎著

[英]安·汤普森　贾斯汀·皮克　大卫·马歇尔　等◎绘

李玉莲◎译

中国人口出版社
China Population Publishing House
全国百佳出版单位

前言

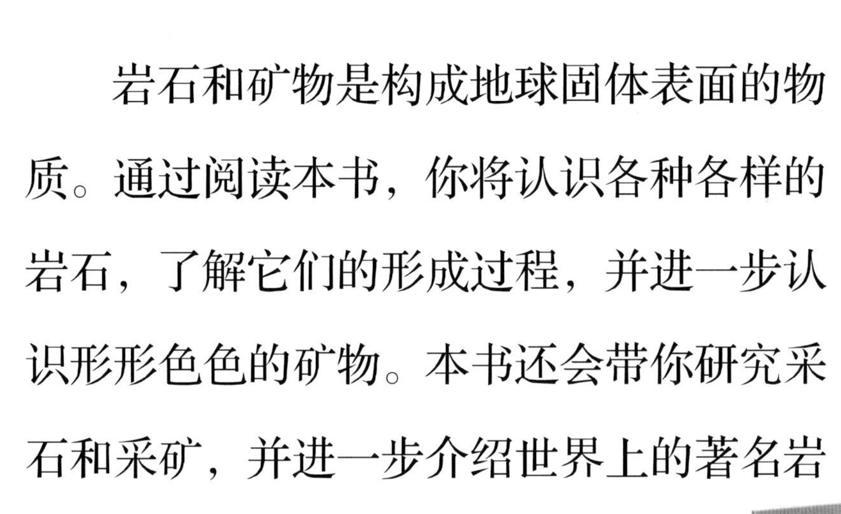

岩石和矿物是构成地球固体表面的物质。通过阅读本书，你将认识各种各样的岩石，了解它们的形成过程，并进一步认识形形色色的矿物。本书还会带你研究采石和采矿，并进一步介绍世界上的著名岩石。你还可以根据本书的提示，做一些有趣的小实验。另外，你还可以完成一些关于岩石和矿物知识的小测验，通过一系列的小活动，了解更多关于岩石和矿物的奇趣真相。

目录

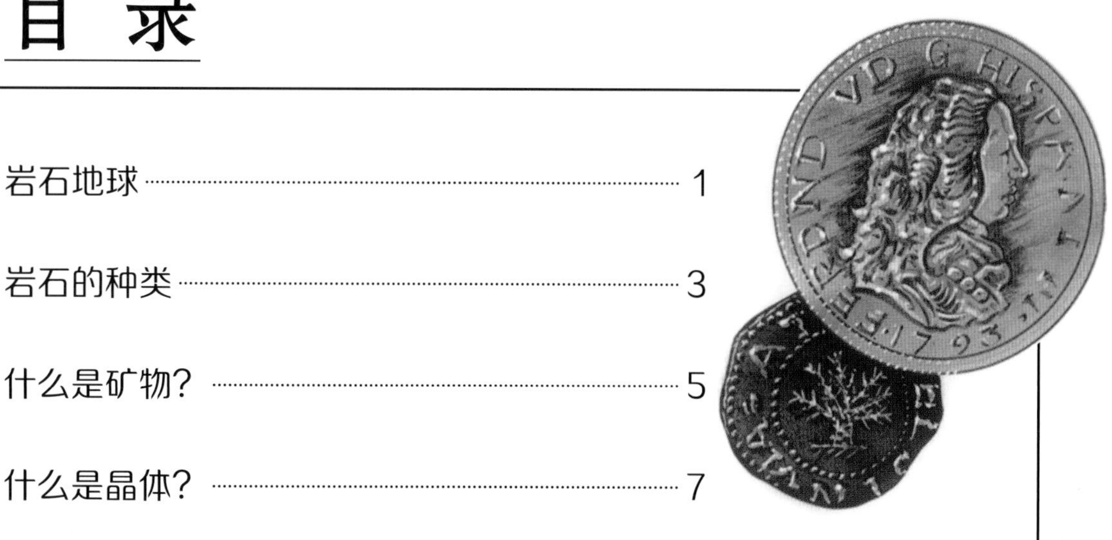

岩石地球

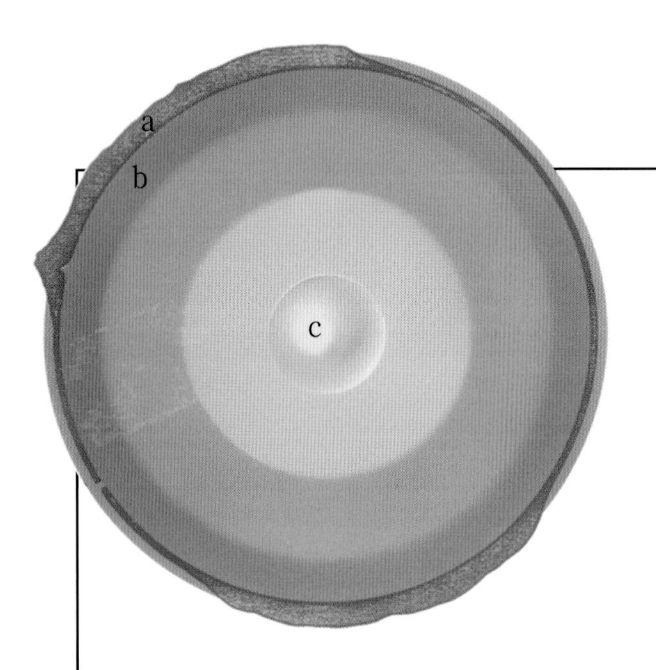

地球内部

地壳（a）下面是地幔（b），地幔下面是地球的中心部分，被称为地核（c）。地核外部温度非常高，能熔化周围的岩石和金属。被熔化的岩石是一种液态物质，人们称之为岩浆。

地球外表被一层坚硬的岩石包裹着，叫作地壳。沿着陆地表面向地球内部延伸，地壳的厚度可达 40 千米。构成海洋底部的地壳则被称为洋壳，在较为薄弱的地方，洋壳只有 8 千米。地壳是由各种不同岩石构成的固体外壳，所有岩石都是由矿物组成的，矿物的不同组合形式会形成不同的岩石。

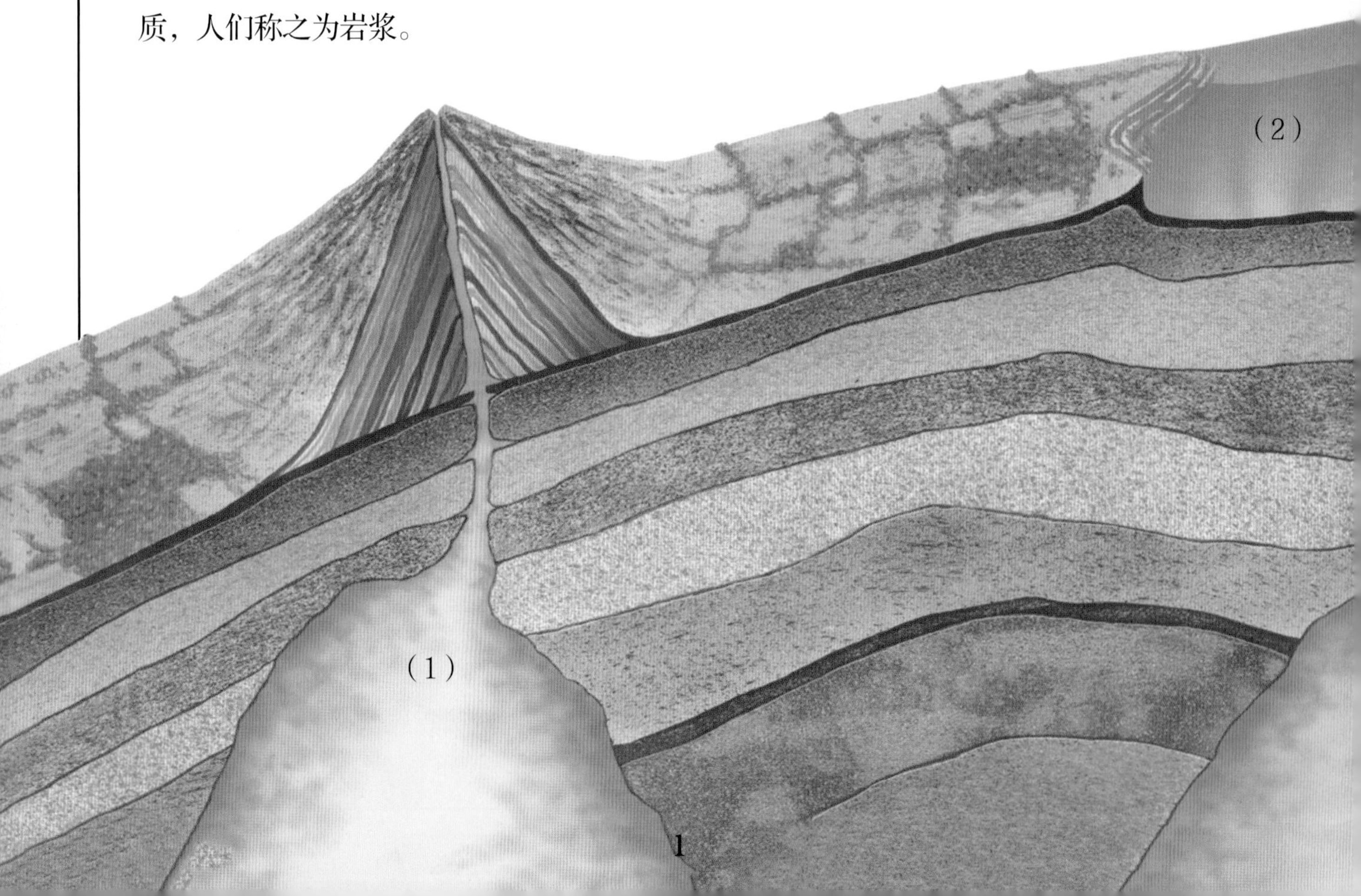

地球表面到地心的平均距离为6370千米。

岩石是如何形成的?

地壳上分布着3种岩石：火成岩（1）、沉积岩（2）和变质岩（3）。熔化的岩浆从地壳某个薄弱的地方喷发出来，就形成了火成岩。一些古老的岩石破裂后，因流水作用堆积下来，就形成了沉积岩。变质岩由火成岩和沉积岩转化而成，在地底深处，来自地幔的巨大压力和极高温度使岩石的性质发生变化，就形成了变质岩。

收集岩石

在公园、河岸边、小溪里，或者海滩边，你都能找到各种各样的岩石。很快，你就可以叫出其中常见的岩石的名字了。将岩石样品洗干净，贴上标签，注明找到它们的日期以及位置。如果你知道这些岩石的名字，也可以一起写下来。把你收集到的岩石样品陈列在架子上、书柜里、托盘中，或者直接放到纸板箱里。

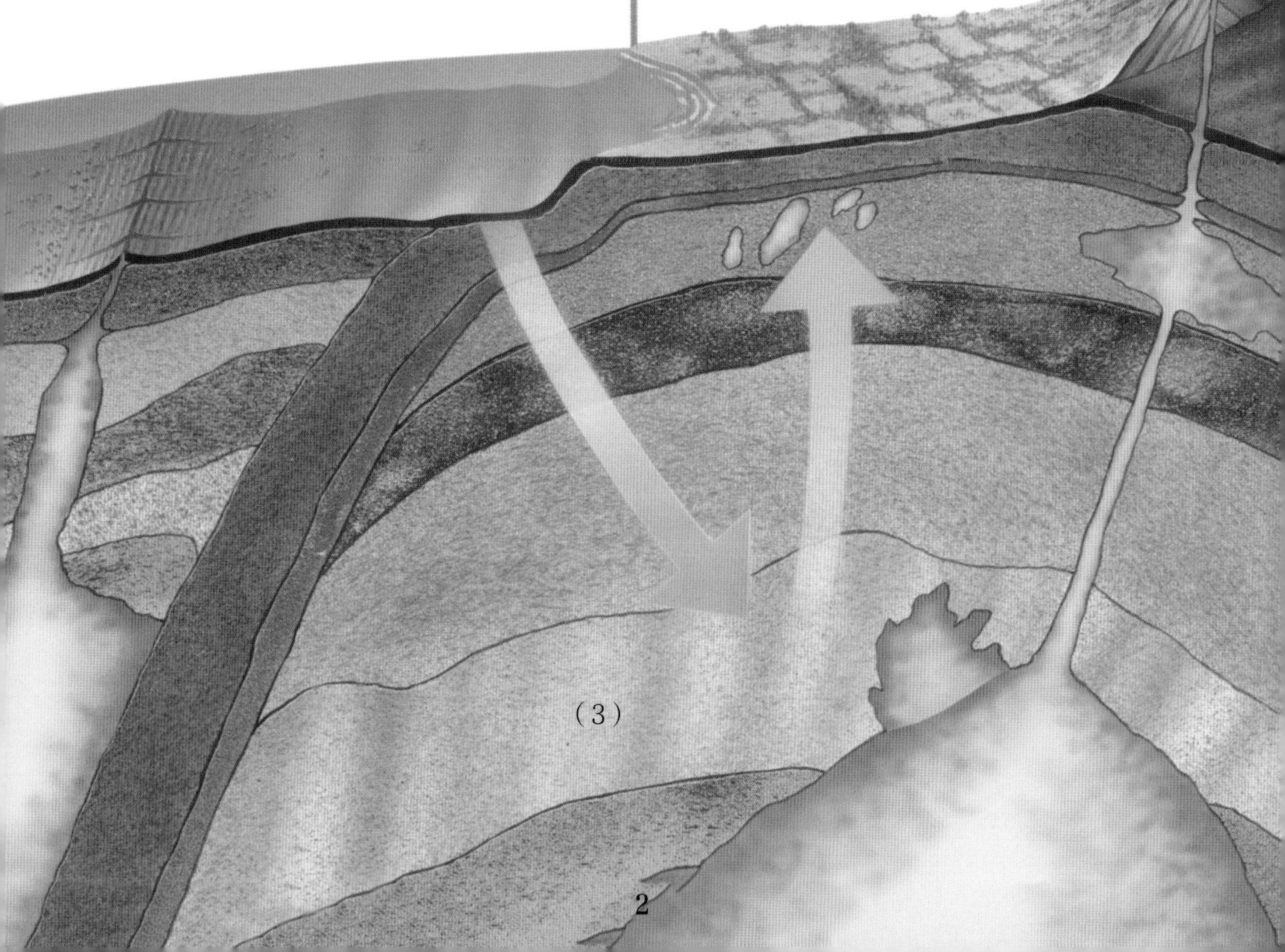

岩石的种类

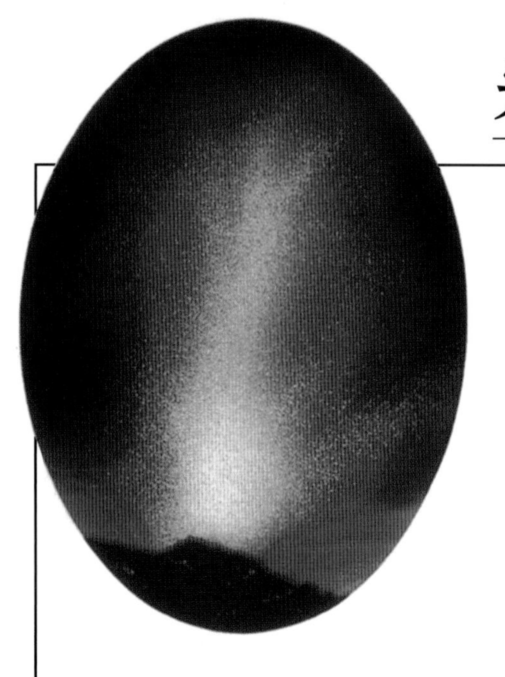

地质学家通过研究不同种类的岩石，来了解地球的历史。巨大的岩石形成了山体，山体中可能埋藏着远古海洋生物的遗体。数百万年来，海床上的岩石随着地壳运动被抬升，并逐渐形成以沉积岩为主体的山脉。

火成岩

又名岩浆岩，从地球内部喷发出的岩浆凝固后，就形成了火成岩。岩浆会从火山口喷发出来，形成炽热的熔岩，熔岩冷却后就变成了玄武岩或凝灰岩等火成岩。玄武岩是一种火成岩，也是组成洋壳的主要固体物质。

沉积岩

风力作用使岩石逐渐剥落甚至碎裂，通过水流的搬运作用使岩石碎块沿着河流堆积到大海中。数百万年来，这些岩石一层一层地堆积，最终形成沉积岩。雨水从裂缝中灌入，使石灰岩一点点溶解，长年累月之下便形成了石灰岩的地下溶洞（见右图）。

玄武岩

花岗岩

火山喷发的过程中，一团团熔岩被喷射到空中，形成了圆形的火山弹。

化石

化石是由数百万年前的动物或植物的遗体保存在地层中形成的。世界上已经发现的最古老的动物化石约有7亿年的历史。

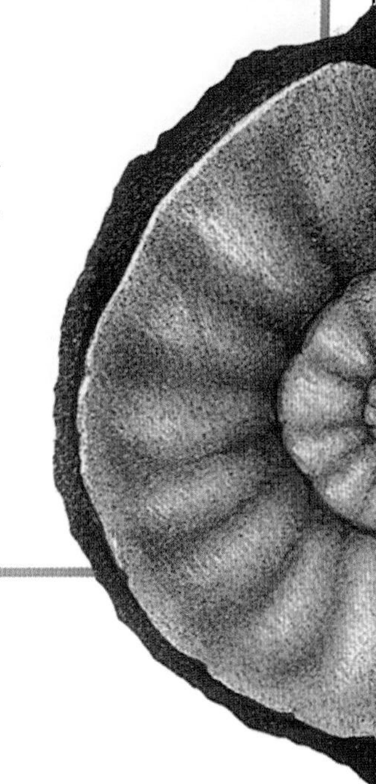

有些石灰岩全部由化石构成，留存于其中的动物遗体依然清晰可见。

石灰岩

砾岩

变质岩

巨大的压力和高温综合作用，使岩石转化为变质岩。大理岩是广为人知的变质岩，由石灰岩变质而成；片麻岩也是变质岩，由花岗岩变质而成；板岩也是变质岩，由页岩变质而成。

山体中的变质岩

片麻岩

板岩

什么是矿物？

矿物是分布在自然界中的固体物质，区别于生命体。矿物由元素构成，元素即分布在自然界中的纯净物，比如氧、碳和铁等。地球上分布有3000多种不同的矿物，岩石由一种或多种矿物构成。日常生活中的许多用品都是由矿物制成的，比如铅笔的笔芯就是由石墨加工而成的。金、银和宝石等也都是矿物。

太空矿物

太空中也有矿物。科学家们在月球表面发现了长石和铁等常见矿物。金星表面遍布褐铁矿，地球的黄色土壤中也分布着这种矿物。

钟表的针上装着微小的石英晶体，可以控制针的运行速度。

石墨是一种黑色的柔软矿物，可以制作成铅笔的笔芯。

在美国亚利桑那州有个地方铜矿资源非常丰富，那里有一条长度超过 570 千米的矿床。

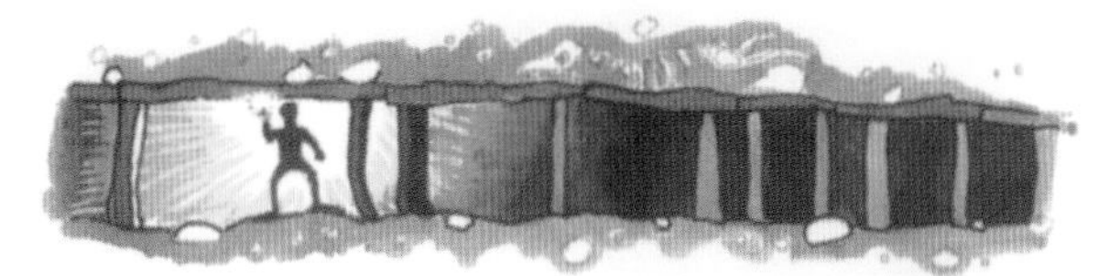

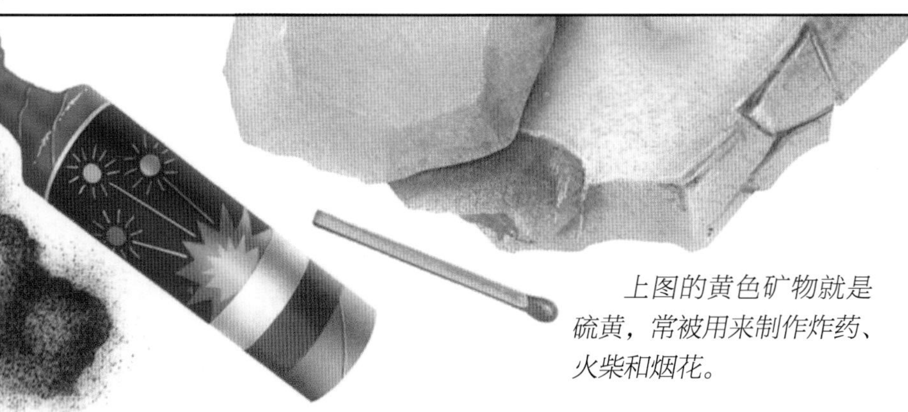

上图的黄色矿物就是硫黄，常被用来制作炸药、火柴和烟花。

盐水实验

在炎热的地方，沿海水域的水分蒸发，会留下盐分形成盐滩。先用玻璃杯装上半杯温水，然后往水中倒入一勺盐，充分搅匀后再将盐水倒在小碟子上。将小碟子放在有阳光的窗台上，过段时间再去观察，看看会发生什么神奇的事情吧！

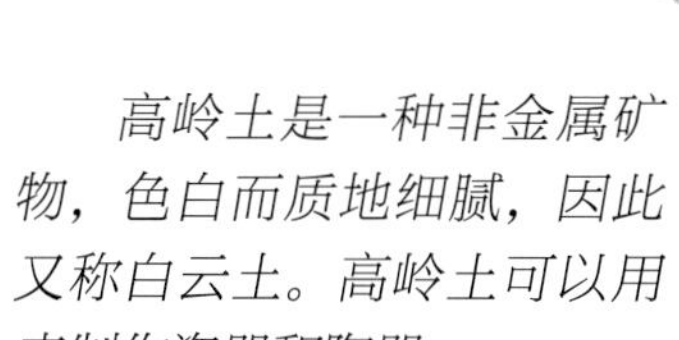

大约 1 万年以前，人类开始开采和使用铜矿。现在，铜这种矿物资源可以用来制作电线、水管、珠宝和锅具等。

高岭土是一种非金属矿物，色白而质地细腻，因此又称白云土。高岭土可以用来制作瓷器和陶器。

云母是一种质地非常柔软的矿物，磨碎之后可以用来制作爽身粉、颜料和蜡笔等。

什么是晶体?

糖、盐、蓝宝石和雪花有一个共同点：它们都是由晶体构成的。实际上，大多数非生命体的固态物质都是由晶体构成的。有的晶体很大，单个晶体就重达数万吨；有的岩石由成千上万个晶体构成，其中每个晶体的形状都很规则。

晶体的形状

组成单一矿物的所有晶体的形状都是一样的。盐粒的晶体形状是立方体；石墨的晶体形状是六边形；锆石的晶体形状像个金字塔，常用来制作首饰。

蓝绿玉

很久以前，人们认为晶体是一种不会融化的冰。

动手制作晶体

首先准备一杯温水，然后在温水中倒入明矾，搅动温水使明矾全部溶解，然后盖住杯子。两天之后，用滤网过滤溶液，留下晶体。在最大的晶体上系一根线，线的另一端系在铅笔上，将铅笔平放在杯口上，悬挂的晶体落到溶液里，并持续观察晶体的变化过程。

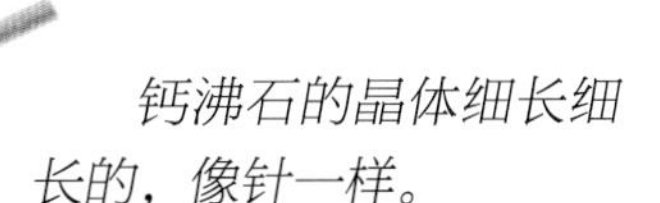

钙沸石的晶体细长细长的，像针一样。

紫水晶

晶体是怎么形成的？

炽热的岩浆冷却后，会形成晶体。岩浆在地壳内部冷却后，会形成巨大的晶体，用肉眼就可以看见。岩浆在熔岩流中迅速冷却时，会形成玄武岩等岩石，其中的晶体非常微小，肉眼难以察觉。水分蒸发后也会留下晶体，这些晶体是原本溶解在液体中的物质。

地球的燃料

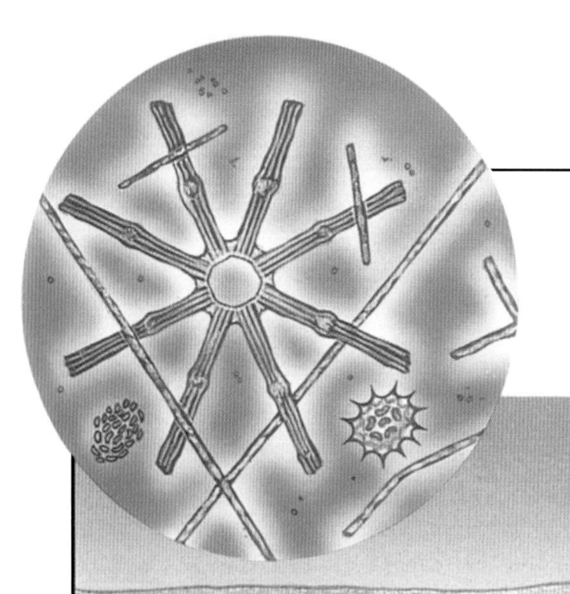

煤、石油和天然气是不同的燃料。人们使用燃料为工业生产、交通通信和日常生活提供热能和动力。燃料不是真正的矿物，因为它们是由数百万年前的动植物的遗体演变而成的。不过，我们通常将取自地球内部的大多数原料统称为矿物。

原油和天然气

地下岩石中储藏着原油。原油是由埋藏在层层淤泥和岩石中的微小动植物等浮游生物（见上图）的遗体形成的。微小的动植物在岩层中慢慢变成原油或天然气，当岩层板块发生相对运动时，在板块交界处或内部会形成背斜架构，原油和天然气就储藏在这些背斜岩层中。

人们通常会在原油矿床附近发现天然气。原油和天然气都是历经数百万年才形成的自然资源。

从植物到煤炭

煤炭是由数百万年前生长在地球上的植物遗体形成的。巨大的蕨类植物和树木等生长在沼泽地区，这些植物枯萎后，会在沼泽底部形成像毯子一样厚厚的覆盖物。慢慢地，这样的覆盖物会变成一种叫泥煤的物质。泥煤被埋藏在层层沙石和其他松散物质下面，经过重压之后转化为一种深褐色的煤炭，被称为褐煤。随着时间推移，更为坚硬的烟煤渐渐形成。最后，硬度最高的无烟煤也形成了。

直到19世纪中期，仍有许多英国儿童每天要在地下煤矿中工作很长时间。

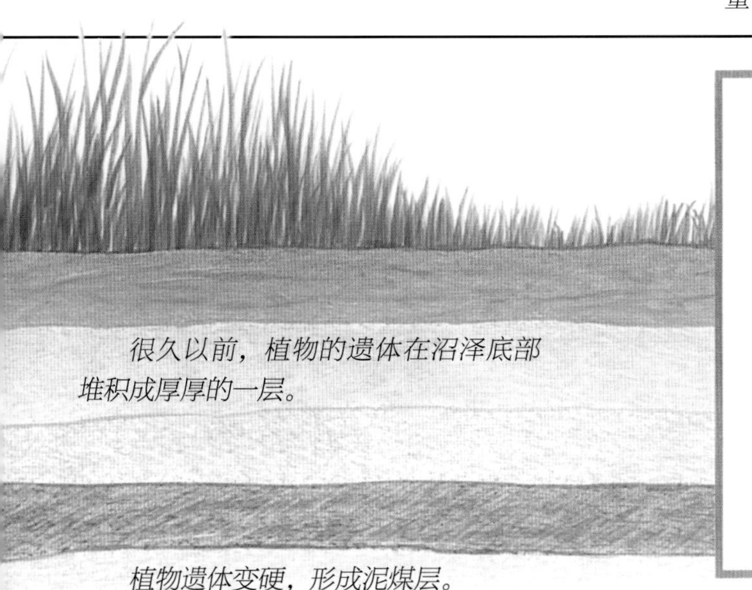

原油可以做什么？

汽油、蜡烛、唇膏、颜料和肥料等都是由原油或石油制成的。原油大多作为原料来使用，但也可以制作其他产品。尼龙（一种人工合成的纺织品）就是由原油制成的。你知道其他由原油制成的产品吗？

很久以前，植物的遗体在沼泽底部堆积成厚厚的一层。

植物遗体变硬，形成泥煤层。

核燃料

在大型能源使用中，我们通常用铀这种矿物来代替煤炭或石油。铀可以在地下岩层中开采获得，比如在南非的金矿中。铀可以释放出巨大的能量，这种能量被称为核能。

岩层的压力作用使泥煤转化成一种叫褐煤的煤炭。

岩层的压力作用不断增强，一种更坚硬的煤炭——烟煤，最终形成了。

在最后阶段形成的是无烟煤，这是一种最洁净的煤炭。

核电站内部

矿石和金属

有些岩石中包含锌、铜或银等金属物质，它们与地球中的其他物质混合在一起，被称为矿石。有的矿石分布在地底深处，而铜矿等矿石则分布在地表，离地面很近。开采矿石之后，人们可以从中提炼出金属资源。

石英里的金脉矿

金块

高炉

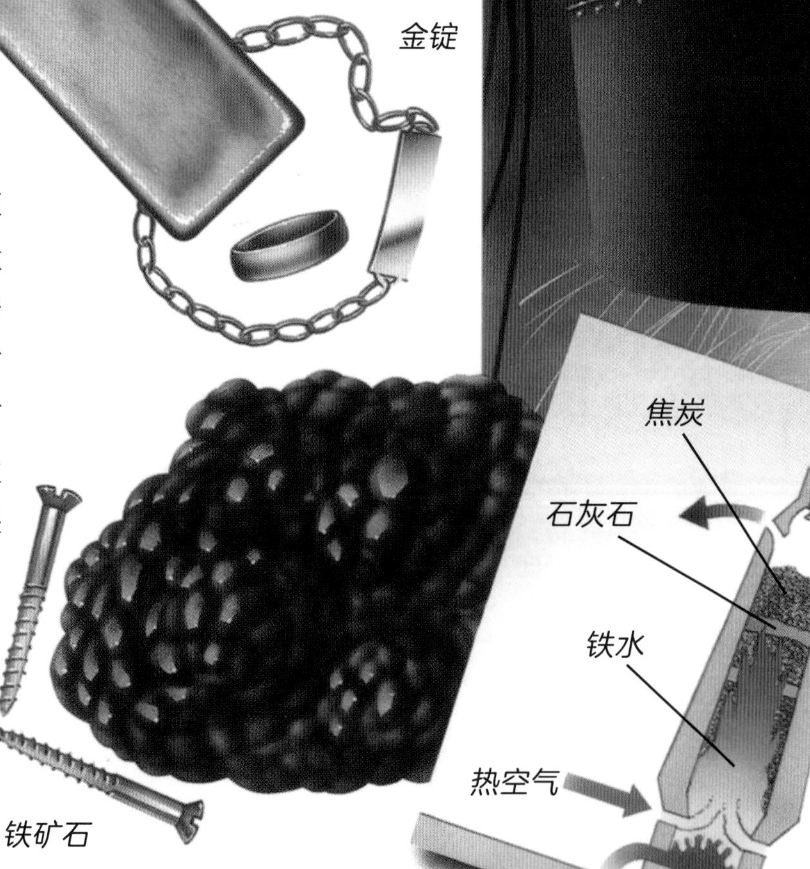

金矿

含金的矿石通常分布在地下深处。在有些地方，金矿以细长的条带状分布在岩层中；而在其他地方，金矿成块出现，被称为金块。有时候，甚至在海水中也能发现少量的金子。从地下开采出金矿后，人们可以从中提炼出金子。由金子制成的条状物叫金锭。要制作一块金锭，一般需要使用1000吨金矿。

世界现存的第一大天然金块是巴西的迦南金块，质量达 60 多千克。

高炉的内部

冶炼是将金属从矿石中提取出来的方式之一。冶炼过程在高炉中进行，高炉一般高达 30 米，将铁矿、焦炭和石灰石一起倒入高炉的顶部。温度极高的热风会熔化铁矿形成铁水，铁水从高炉底部的一侧流出，而矿渣等所有废弃物则从高炉底部的另一侧流出。

钱币

以前，人们用金子这种贵重金属来铸造钱币。最早的金币和银币可能起源于公元前 600 年的吕底亚。在 16 世纪，西班牙人铸造了一种叫“八个里亚尔”的银币，这种银币可以被均分为 8 个部分。

镍矿石

锡矿石

铝矿石

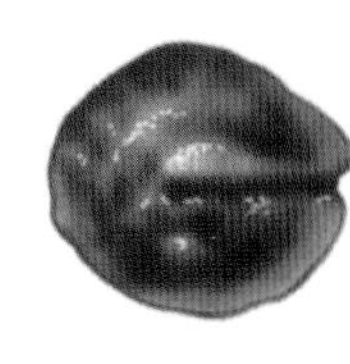

古代银币和现代银币

宝石和珠宝

钻石、红宝石和绿宝石是岩石中的稀有矿石。这些矿石被称为宝石，常被制作成首饰。从岩石中提取出的宝石是粗糙的，经过切割、塑形和打磨抛光后，才能最终形成人们喜爱的珍品。

斯里兰卡的工人们在沙砾中筛选宝石。

从岩石到宝石

在火成岩中，可以发现钻石和黄晶等宝石，它们是在岩浆冷却时形成的。在沉积岩的岩层中，可以发现色彩多样的猫眼石，猫眼石的有些成分甚至跟构成沙子的物质是一样的。钻石和绿宝石等宝石被切割后，会在表面形成许多小平面，被称为刻面。猫眼石和月长石通常被打磨成光滑的圆形。

绿宝石金戒指

绿松石银戒指

紫水晶项链

岩石中未经切割的钻石

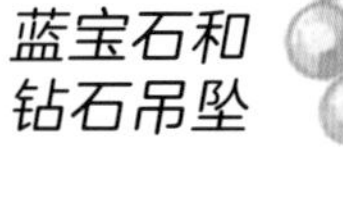

猫眼石和星彩红宝石手链

世界上最大型的蓝宝石雕刻作品就是
美国前总统亚伯拉罕·林肯的头部雕像。

著名的宝石

有些宝石因体积大或者闪亮而出名，有些宝石则因为与历史人物相关而广为人知。1850 年，来自印度的钻石“光之山”被献给维多利亚女王。古代埃及少年国王图坦卡蒙的坟墓中，埋藏着许多装饰有宝石的漂亮珍宝，比如右图所示的黄金面具就是其中之一。

黄玉

翡翠和红
玉髓珠链

橄榄石金戒指

石榴石金戒指

天青石珠链

苔纹玛瑙吊坠

琥珀珠链

世界各地的宝石

世界上最珍贵的红宝石主要分布在南亚地区的缅甸。在南美洲，哥伦比亚盛产绿宝石，巴西盛产海蓝宝石。南非的钻石也蜚声海内外。

岩石中未经切割的红宝石

矿井和采石场

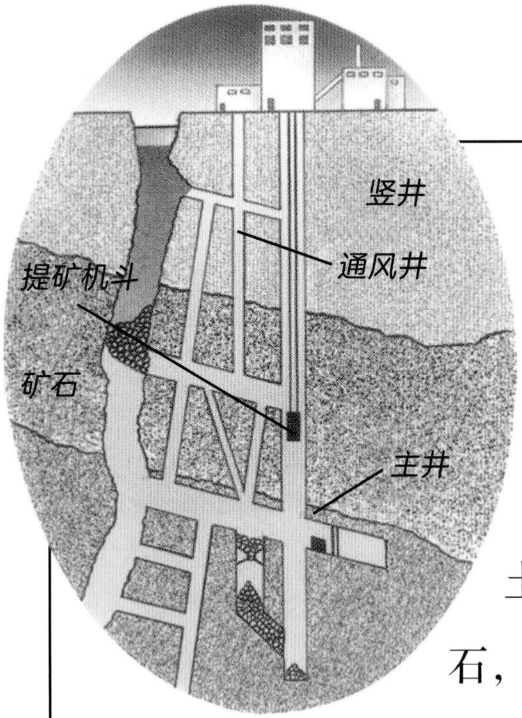

竖井
通风井
提矿机斗
矿石
主井

有时，矿产资源埋藏在地下深处，这意味着必须通过各种手段将矿石从地下开采出来。铝矾土和铜矿通常分布在距离地表不远的地方，因此相对容易开采。人们只需清除土壤和松散的岩石，再用炸药炸碎坚硬的岩石，就可以将它们开采出来。如果矿物被埋藏在地底深处，就会首先开凿竖井，矿工们乘坐升降机到达矿道，然后开采矿石。

采石场的机器将岩石破碎成细小的碎块，用来修路或生产水泥。

露天采矿会在地面留下一个巨大的矿坑。

采石场

从地底开采矿物的方式之一就是首先在地面打一个洞，然后切取出含有矿物的大块岩石，这个过程就叫采石。花岗岩、大理岩和板岩通常是通过这种方式开采得到的。采石之后，工人会先用炸药将大块岩石炸裂成碎石，再用机器或特殊工具从碎石中提取出特定的矿物。工人通常用锯切割大理岩，为了防止破坏大理岩的结构，切割时必须非常小心。

南非的西部3号深井深度达到3900米。

手工采矿

锡和金子等矿产通常与沙石混合分布在河床上。19世纪中期，人们在美国加利福尼亚州发现了金矿。无数人涌入加利福尼亚州，开采黄金，并因此形成了“淘金热”。人们用筛子将沙砾铲起来，然后手工将金子和沙砾分离开来，这个过程就是淘金。

动物矿工

鼹鼠是最优秀的动物矿工。它们用强壮的前腿和锋利的爪子挖出坑道，并长期生活在这种地下坑道中。有些蚂蚁也会在地下挖掘蚁穴，蚁穴内部的结构非常复杂，里面有无数相连的小室，其中有些小室甚至距离地表10米多深。

在地下深处，矿工用钻机进行钻孔，再装入炸药，从而剥离下矿石。

硅酸盐水泥

红砖

岩石和矿物的利用

用岩石或矿物制成的产品在生活中非常常见，比如你使用的铅笔、餐具，或者你手上戴的手表，以及家中墙上的挂钟。岩石和矿物都是常见的建筑材料，也可以用于制造家居生活用品，或者制作珠宝首饰。计算机中的硅片和很多家用电器生产中都需要用到硅这种矿物。有些肥料、染料和颜料中也含有矿物。

建筑中的岩石

大理岩、花岗岩和板岩都是常用的建筑材料。苏格兰阿伯丁市分布有许多用花岗岩修成的建筑，这座城市因此也被称为“花岗岩市”。

史前的人们

早期的猎人用燧石制作斧头，农夫用燧石和木头制作镰刀。后来，人们用青铜制作武器和工具。约 1.2 万年前，生活在法国地区的穴居人类就会用铁和锰等矿物在墙壁上作画了。这些矿物颜料的颜色不同，因此能画出彩色的作品。

燧石矛头

印度的泰姬陵由白色的大理岩和红色的砂岩修筑而成，是当时的统治者为纪念自己的妻子而修建的。

石刻雕塑

人们用石灰岩雕刻人像的历史可能已经长达数千年了。伊达拉里亚人在公元前1000年就能制作青铜像，这种青铜主要是由铜和锡混合而成的。中国人很久以前就开始用玉雕刻成装饰品。不少用石头雕刻出的作品可以装点寺庙和宫殿，印度的很多神庙中就装饰着各种各样的石头雕像。

法国艺术家奥古斯特・罗丹的雕塑作品《思考者》就是用青铜雕刻而成的。

农民给庄稼喷洒的肥料中，通常含有氮和钾等矿物。

著名的岩石

很久以前，澳大利亚的土著就开始在洞穴的墙壁上作画，乌卢鲁巨石（艾尔斯岩）就是他们留下来的作品。

乌卢鲁巨石

石灰华岩石

在意大利蒂沃利市附近，有一座因石灰华岩石而形成的著名瀑布。石灰华岩石是一种石灰石。在洞穴内部，石灰华岩石的形状各不相同，形成一幅蔚为壮观的景象。

面包山

面包山

巨大的圆锥状面包山，高高矗立在巴西里约热内卢的瓜纳巴拉湾。里约热内卢是南美洲最大的城市之一，这座由花岗岩构成的山峰高度达到375米，是一座小山的一部分。根据当地人的传说，这座小山是一个沉睡巨人的身体，面包山则是这个巨人的膝盖。这些山脉最初形成于数百万年前，历史十分悠久。

在长达600多万年的时间里，美国科罗拉多河的河水切割着沿岸的岩石，从而在当地形成了大峡谷。在有些部位，峡谷的深度可达1000多米。

岩石的形状变化

岩石的形状并不是一直保持不变的。当然，它们的变化过程十分缓慢，有时甚至需要数百万年的时间。风和雨都对岩石有侵蚀作用，寒冷的冰和炽热的阳光也会改变它们的外貌。由于风化作用，岩石会碎裂成小块，最后风和流水还会将这些岩石碎块带到不同的地方。

什么是侵蚀？

风化是岩石遭受侵蚀或磨蚀的第一个阶段，然后冰促使岩石碎裂成小块。水渗进岩石的裂缝之中，温度低的情况下会结冰。水变成冰，体积变大，通过扩张作用使岩石崩裂。甚至沙子也会使岩石受到侵蚀。大风裹挟着沙石，敲打着松软的岩石。沙砾刮擦着岩石，使岩石受到磨蚀。在沿海地区，海浪拍打岩石，将岩石侵蚀成拱形或者高高的柱子形状。

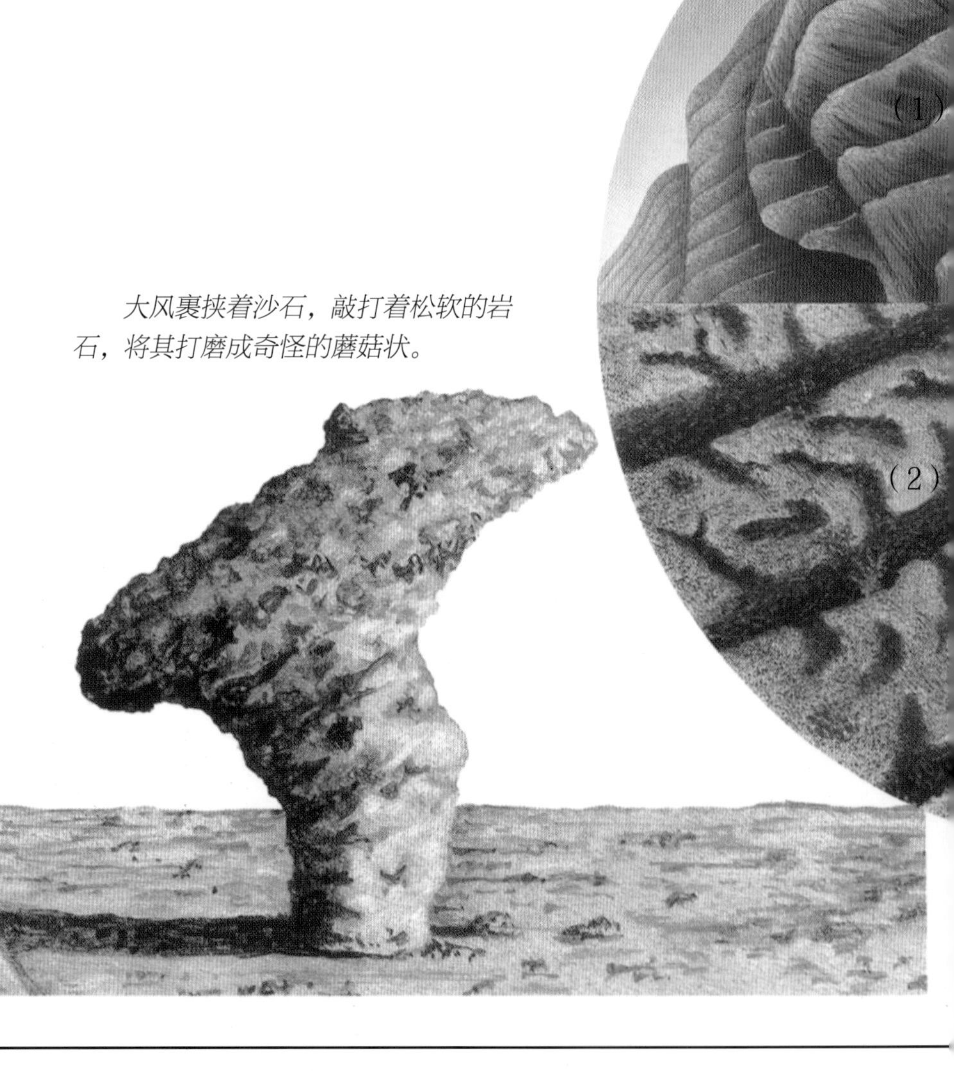

大风裹挟着沙石，敲打着松软的岩石，将其打磨成奇怪的蘑菇状。

在澳大利亚，有座花岗岩悬崖被风沙侵蚀成了巨大的波浪形状，因此被称为“波浪岩”。

哪种土壤?

土壤的成分中有部分风化岩石。除此之外，土壤中还含有空气、水分和动植物的遗体。另外，土壤中还含有高岭土、云母和长石等不同的矿物。我们可以通过土壤的颜色，来辨别里面包含的成分。观察下图中的土壤，想想你在家附近见过哪种

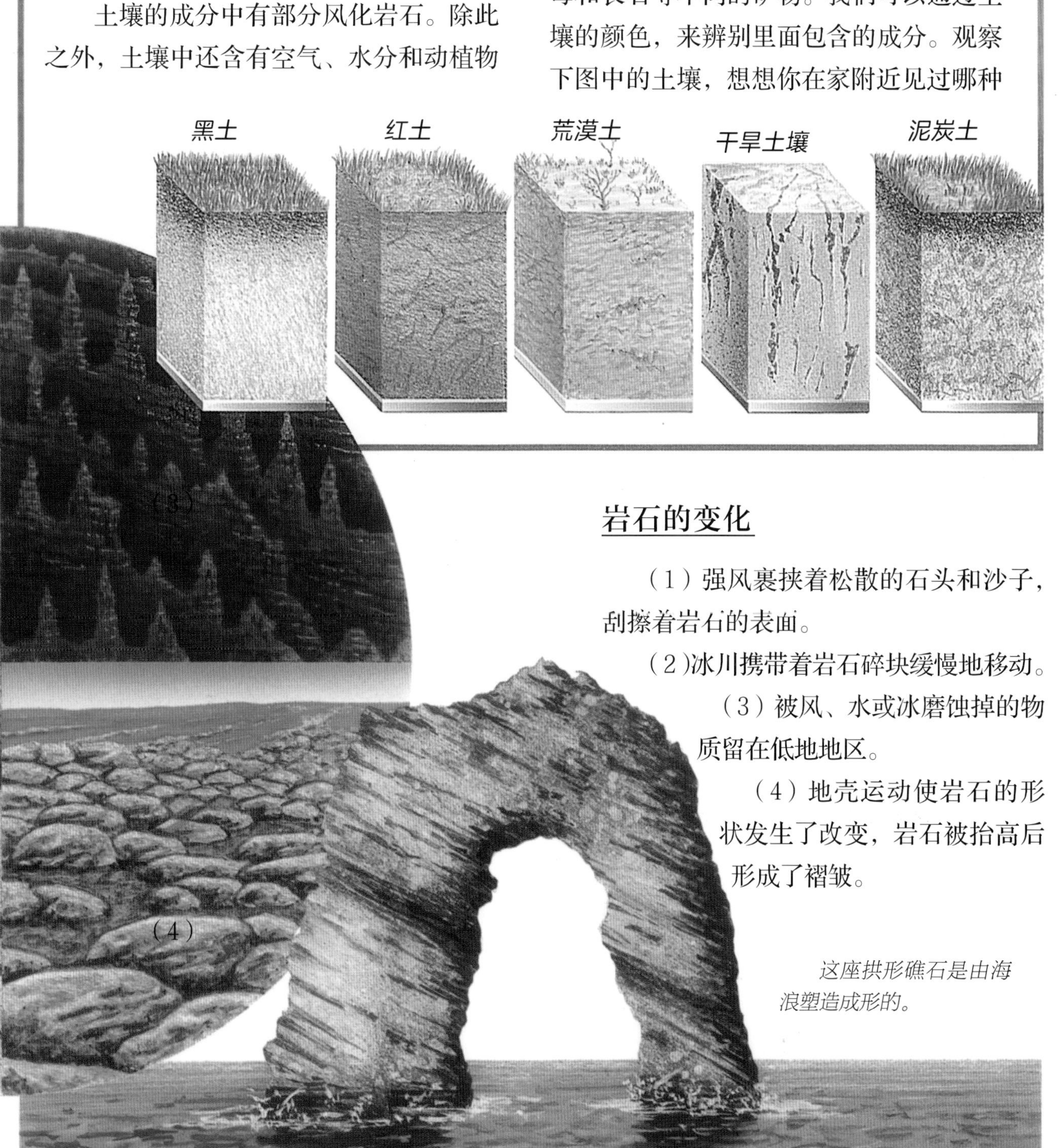

岩石的变化

（1）强风裹挟着松散的石头和沙子，刮擦着岩石的表面。

（2）冰川携带着岩石碎块缓慢地移动。

（3）被风、水或冰磨蚀掉的物质留在低地地区。

（4）地壳运动使岩石的形状发生了改变，岩石被抬高后形成了褶皱。

这座拱形礁石是由海浪塑造成形的。

复习岩石知识

仔细观察这两页的图片，上面展示了部分常见的岩石和矿物，有些在本书前文的内容中已经提到了。你能列举出其他的例子吗，比如还有哪些岩石是变质岩呢？大多数宝石都储藏在岩石之中，你知道本页的岩石中可能包含哪些宝石吗？把这些岩石和右页的宝石一一对应起来吧！

火成岩

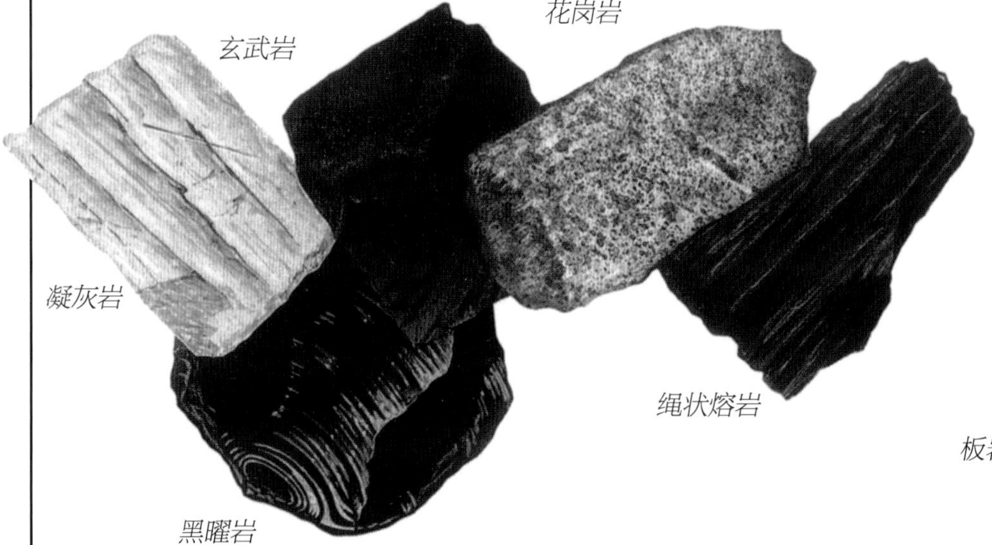

玄武岩

花岗岩

凝灰岩

绳状熔岩

黑曜岩

沉积岩

石灰岩

白垩

砂岩

盐岩

页岩

矿物

铜

金

变质岩

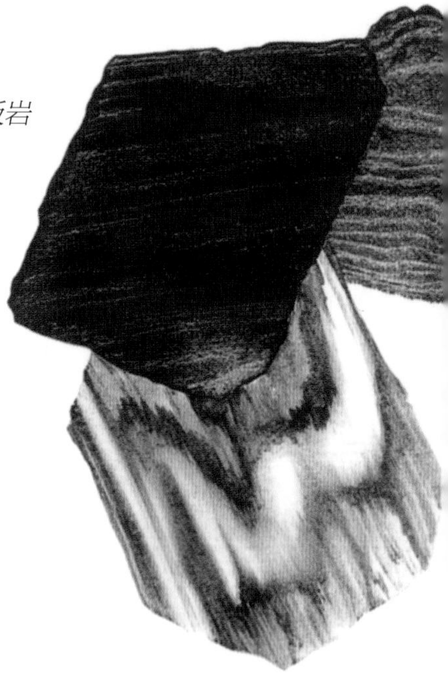

板岩

大理岩

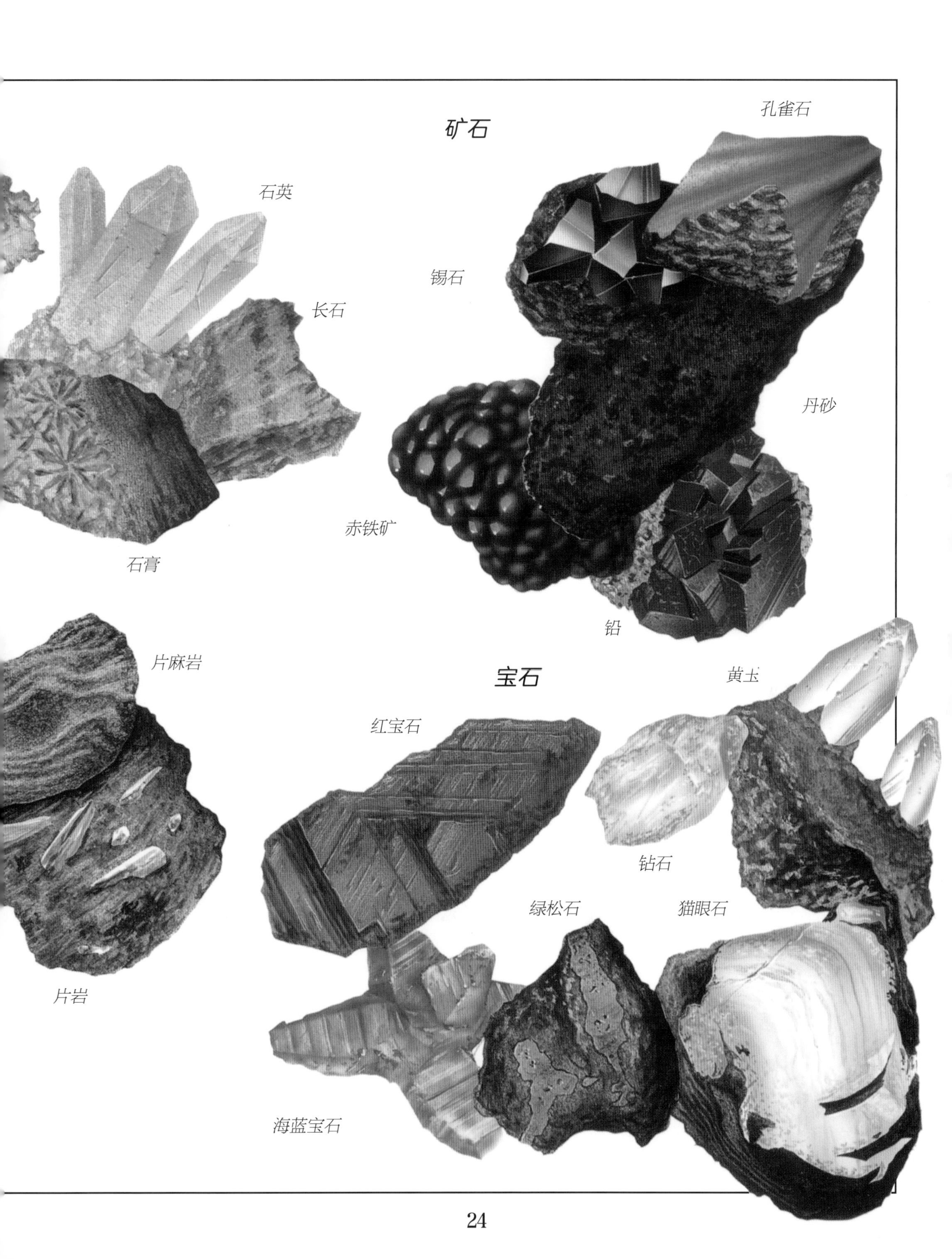
矿石
孔雀石
石英
锡石
长石
丹砂
赤铁矿
石膏
铅
片麻岩
宝石
黄玉
红宝石
钻石
绿松石
猫眼石
片岩
海蓝宝石

岩石小测验

你知道日常生活中有多少东西是由岩石或矿物制成的吗？仔细观察这两页的插图，你能找到里面用岩石或矿物制成的东西吗？你能叫出这些岩石或矿物的名字吗？邀请你的朋友一起来做这个小测验。在本书的第 28 页，你可以找到部分答案，你还能找到其他的答案吗？

更多奇趣真相

以前，意大利雕塑家**米开朗琪罗**曾在卡拉拉采石场开采大理石，这种大理石如今依然可供开采。

世界上最大的切割钻石叫**非洲之星**，现在是镶嵌在英国王冠上的珠宝之一。

1965年以后，美国的**银币**便不再用纯银制作，因为银这种金属也十分短缺了。

浮石是一种**火山岩**，表面有许多气孔，因此可以浮在水面上。

可弯砂岩非常柔韧，以至用手都能将它掰弯。

黄铁矿是一种铁矿，看起来却很像金子，因此被称为“傻瓜的黄金”。

火山毛看起来像金棕色的头发，可它的确是一种岩石。

有些海洋动物用溶解在海水中的**碳酸钙**来形成自己的外壳或骨骼。

术语汇编

背斜

地壳运动会产生强大的挤压作用，这个作用使岩层发生塑性变形，产生一系列的波状弯曲，弯曲向上凸起的部分就是背斜。

纯净物

是指由单一物质或者单一化合物组成的聚合物，有专门的化学符号，有固定的物理性质和化学性质。在现实宇宙中，纯净物只是一种理想状态。

采石场

开采矿床的地方，分为地下采石场和露天采石场。

瓜纳巴拉湾

位于巴西东南部的海湾，原名里约热内卢湾，曾经是世界上最著名的旅游胜地，如今遭到严重污染。

晶体

由大量原子、离子或分子按一定规则有序排列的结构，具有整齐规则的几何外形和固定熔点，是物质存在的一种基本形式。

刻面

又称翻面，泛指宝石表面形状、大小、位置不同的各个抛光平面。

矿床

因地质作用形成的含有可开采和利用的矿物资源的聚集地。矿床是地质作用的产物，但与一般岩石不同，具有经济意义。

矿石

指可以从中提取有用成分，或者其本身具有某种使用价值的矿物的集合体。这些矿物集合体有可能是金属矿物，也有可能是非金属矿物。

矿物

指相对稳定的自然元素的单质或者化合物，有相对固定的化学结构，是组成岩石和矿石的基本单元。

石灰华岩石

是一种碳酸盐类矿物，又名孔石，一般呈奶油色或淡黄色。

竖井

是指在地底开采矿床时，特意挖掘的洞壁直立的井状管道。

岩石小测验答案

栏杆 —— 铁
烟囱中冒出的烟 —— 煤炭、石油、天然气
自行车（车架）—— 铁、铬
水泥 —— 石灰石、页岩、沙子、板岩
砖 —— 黏土、页岩
蜡笔 —— 白垩
房顶的瓦片 —— 板岩
饮料罐 —— 铝
雕像 —— 青铜、花岗岩
匾额 —— 黄铜
颜料 —— 石油
牛仔裤上的铆钉 —— 黄铜

版权登记号：01-2020-4540

Copyright © Aladdin Books 2020
An Aladdin Book
Designed and Directed by Aladdin Books Ltd.,
PO Box 53987
London SW15 2SF
England

图书在版编目（CIP）数据

奇趣真相：自然科学大图鉴. 7, 矿物 /（英）简·沃克著；(英) 安·汤普森等绘；李玉莲译. -- 北京：中国人口出版社, 2020.12

书名原文：Fantastic Facts About:Rocks and Minerals

ISBN 978-7-5101-6448-4

Ⅰ. ①奇… Ⅱ. ①简… ②安… ③李… Ⅲ. ①自然科学－少儿读物②矿物－少儿读物 Ⅳ. ①N49②P57-49

中国版本图书馆 CIP 数据核字 (2020) 第 159695 号

奇趣真相：自然科学大图鉴
QIQÜ ZHENXIANG：ZIRAN KEXUE DA TUJIAN

矿物
KUANGWU

[英] 简·沃克◎著
[英] 安·汤普森　贾斯汀·皮克　大卫·马歇尔　等◎绘
李玉莲◎译

责任编辑　杨秋奎
责任印制　林　鑫　单爱军
装帧设计　柯　桂
出版发行　中国人口出版社
印　　刷　湖南天闻新华印务有限公司
开　　本　889 毫米 ×1194 毫米　1/16
印　　张　16
字　　数　400 千字
版　　次　2020 年 12 月第 1 版
印　　次　2020 年 12 月第 1 次印刷
书　　号　ISBN 978-7-5101-6448-4
定　　价　132.00 元（全 8 册）

网　　址　www.rkcbs.com.cn
电子信箱　rkcbs@126.com
总编室电话　（010）83519392
发行部电话　（010）83510481
传　　真　（010）83538190
地　　址　北京市西城区广安门南街 80 号中加大厦
邮政编码　100054

版权所有　侵权必究　质量问题　随时退换